TRAITÉ

DE

CRISTALLOGRAPHIE

GÉOMÉTRIQUE ET PHYSIQUE

PAR

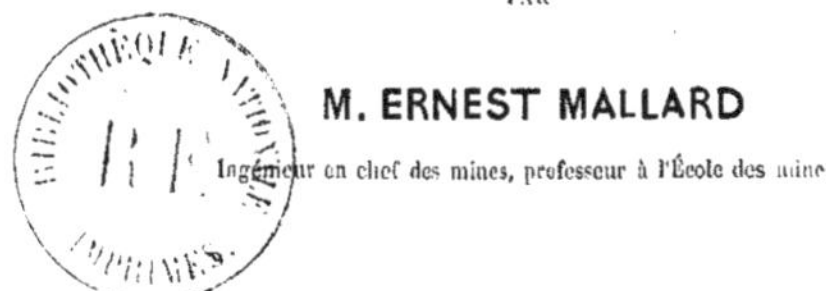

M. ERNEST MALLARD

Ingénieur en chef des mines, professeur à l'École des mines

TOME PREMIER

ATLAS

PARIS

DUNOD, ÉDITEUR

LIBRAIRE DES CORPS DES PONTS ET CHAUSSÉES ET DES MINES

QUAI DES AUGUSTINS, N° 42

1879

TABLE DES PLANCHES

BN RF

19 788. — Typographie A. Lahure, rue de Fleurus, 9, à Paris

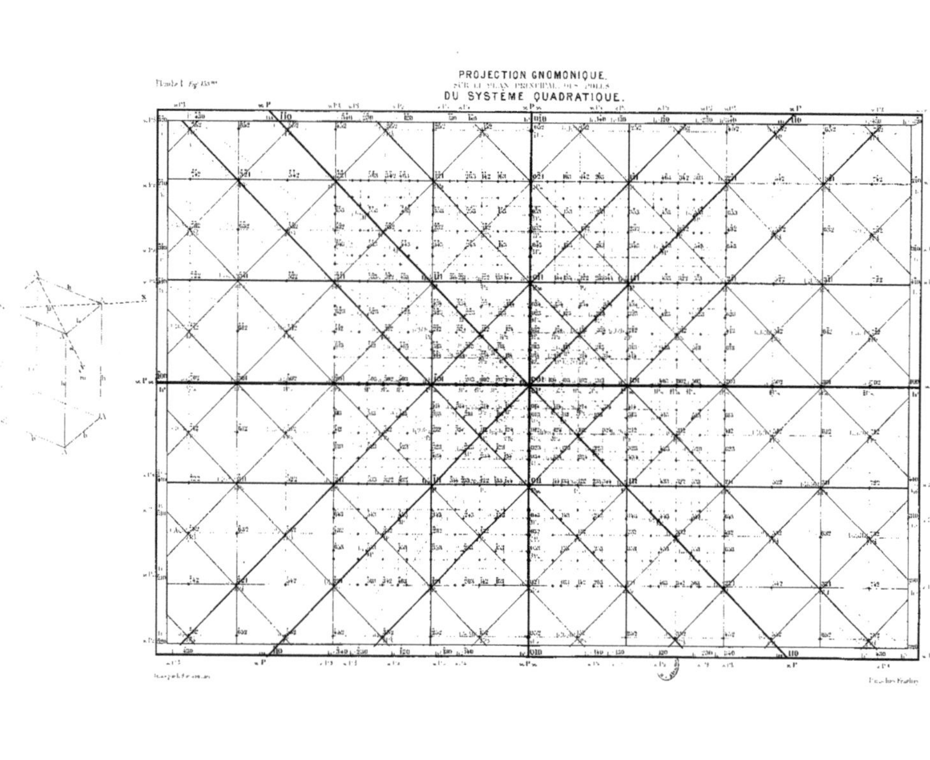
PROJECTION GNOMONIQUE.
DU SYSTÈME QUADRATIQUE.

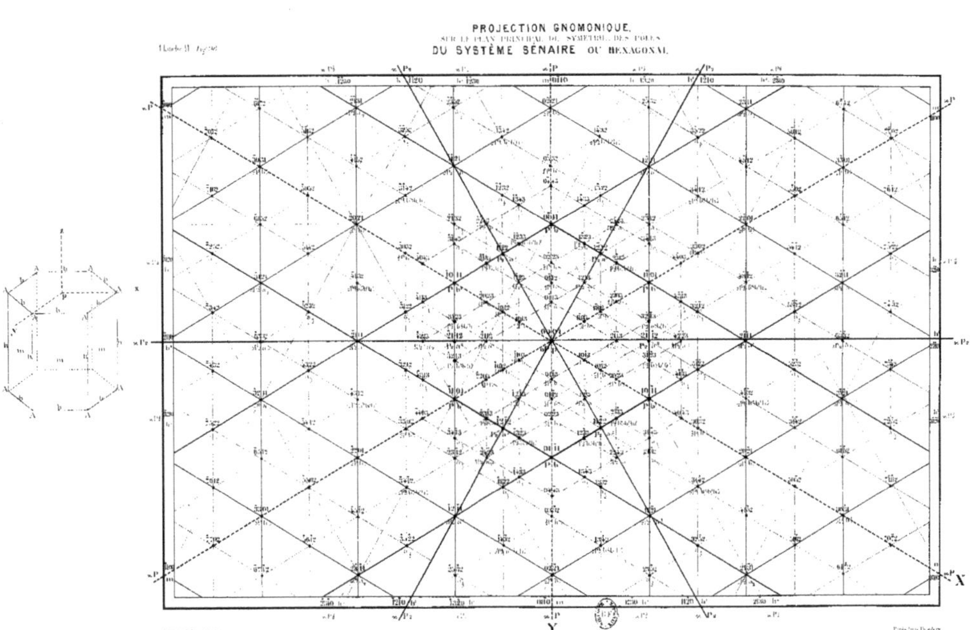
PROJECTION GNOMONIQUE,
DU SYSTÈME SÉNAIRE OU HEXAGONAL
X
Y

PROJECTION GNOMONIQUE

DU SYSTÉM TERNAIRE OU RHOMBOÉDRIQUE

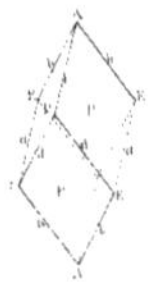

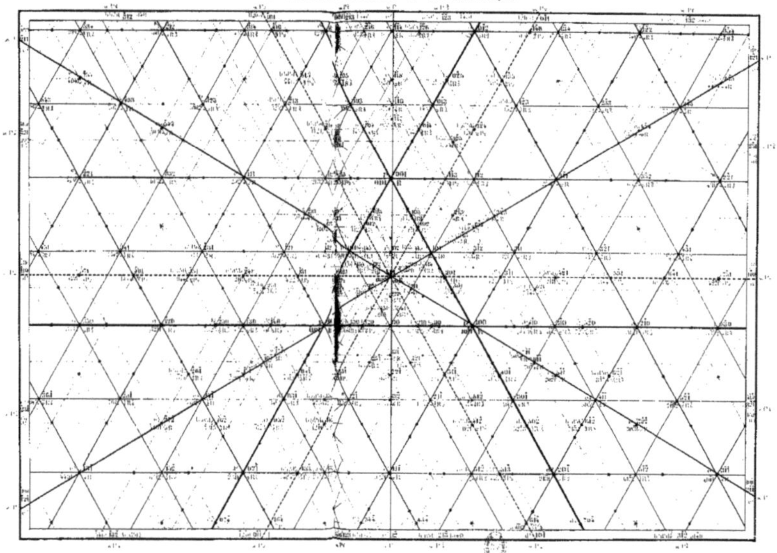

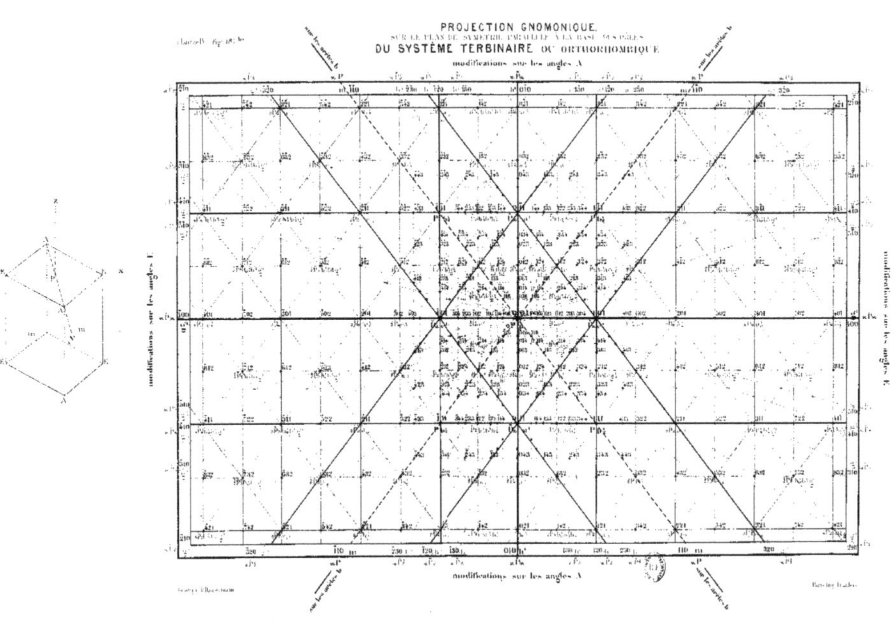
PROJECTION GNOMONIQUE.
DU SYSTÈME TERBINAIRE OU ORTHORHOMBIQUE
modifications sur les angles A
sur les angles b
modifications sur les angles E
modifications sur les angles A

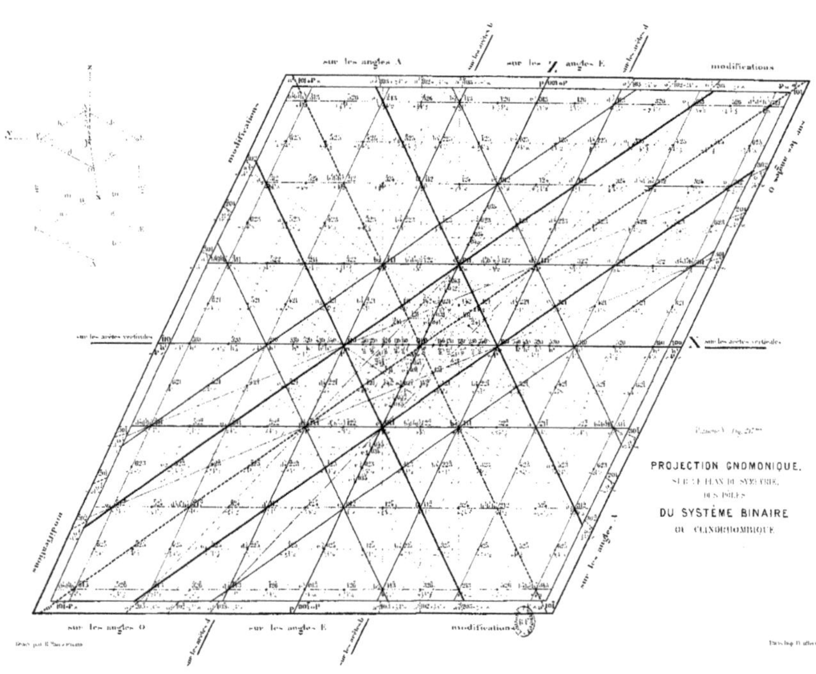
sur les angles A
sur les Z angles E
modifications
sur les arêtes verticales
X
sur les angles O
sur les angles E
modifications
PROJECTION GNOMONIQUE.
DU SYSTÈME BINAIRE

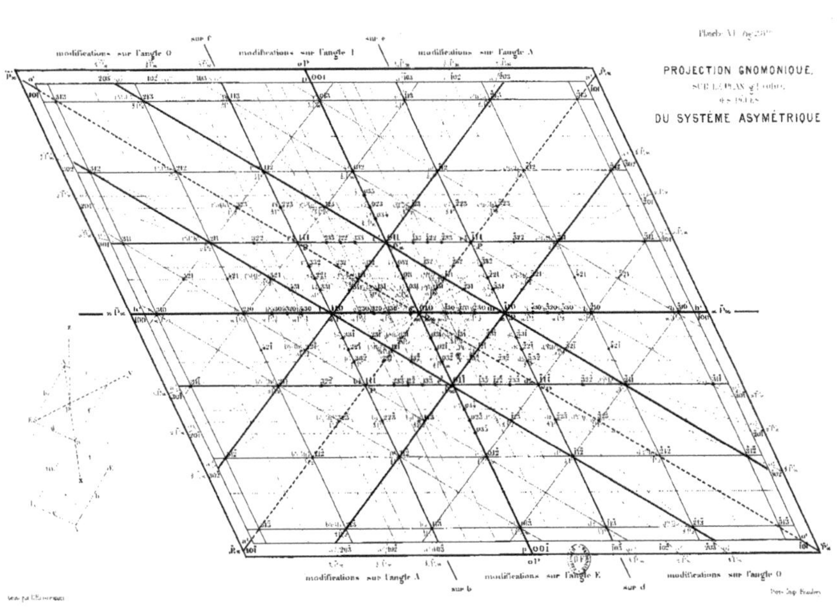
PROJECTION GNOMONIQUE,
DU SYSTÈME ASYMÉTRIQUE
modifications sur l'angle O
modifications sur l'angle I
modifications sur l'angle A
modifications sur l'angle E
sur f
sur e
sur b
sur d

Planche VII

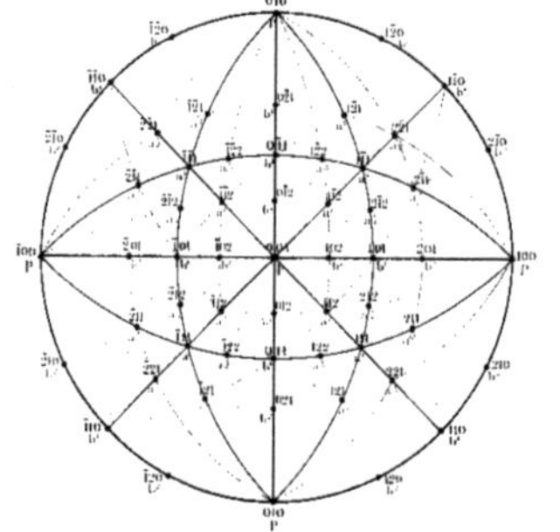

PROJECTION STÉRÉOGRAPHIQUE DES PÔLES
DU SYSTÈME CUBIQUE

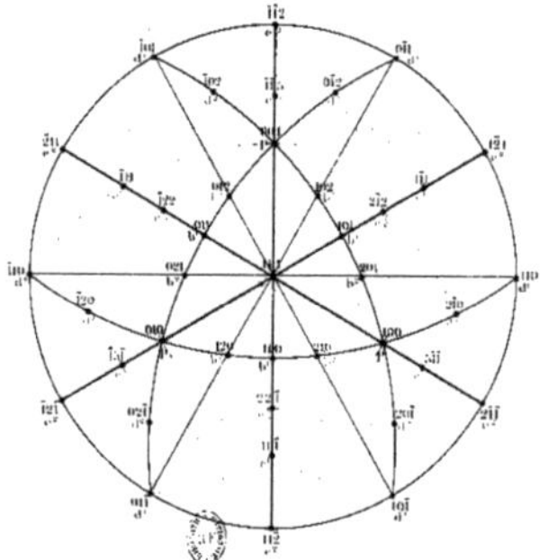

PROJECTION STÉRÉOGRAPHIQUE DES PÔLES
DU SYSTÈME RHOMBOÉDRIQUE

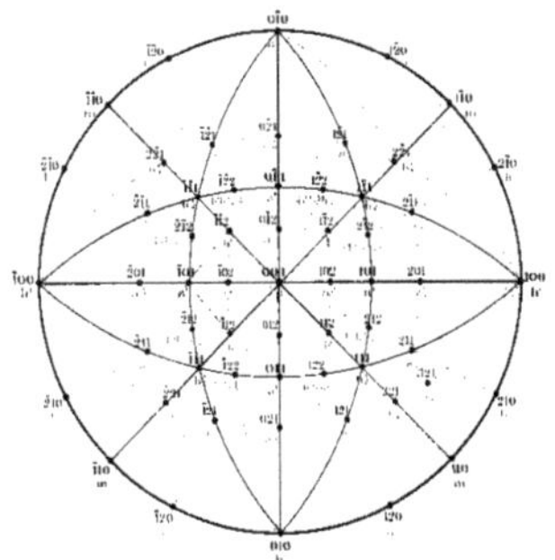

PROJECTION STÉRÉOGRAPHIQUE DES PÔLES
DU SYSTÈME QUADRATIQUE.

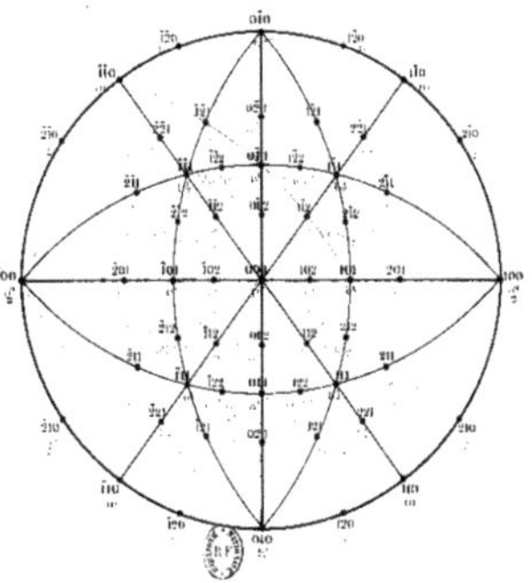

PROJECTION STÉRÉOGRAPHIQUE DES PÔLES
DU SYSTÈME TERNAIRE.

Planche IX

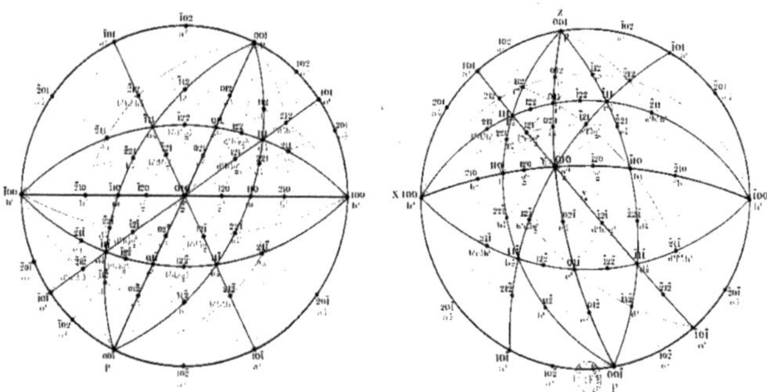

PROJECTION STÉRÉOGRAPHIQUE DES PÔLES
DU SYSTÈME BINAIRE.

PROJECTION STÉRÉOGRAPHIQUE DES PÔLES
DU SYSTÈME ASYMÉTRIQUE.

www.ingramcontent.com/pod-product-compliance
Ingram Content Group UK Ltd.
Pitfield, Milton Keynes, MK11 3LW, UK
UKHW021033260726
13994UKWH00005B/2120

9 782329 473529